美国心理学会儿童情绪管理读物
What-to-Do Guides for Kids

怕犯错，怎么办？

在错误中学会成长

What to Do When Mistakes Make You Quake
A Kid's Guide to Accepting Imperfection

（美）克莱尔·A. B. 弗里兰（Claire A. B. Freeland）
（美）杰奎琳·B. 托纳（Jacqueline B. Toner）　著
（美）珍妮特·麦克唐纳（Janet McDonnell）绘
王　尧　译

化学工业出版社
·北京·

图书在版编目（CIP）数据

怕犯错，怎么办？——在错误中学会成长 /（美）克莱尔·A. B. 弗里兰（Claire A. B. Freeland），
（美）杰奎琳·B. 托纳（Jacqueline B. Toner）著；（美）珍妮特·麦克唐纳（Janet McDonnell）绘；
王尧译. —北京：化学工业出版社，2017.11（2023.1 重印）
（美国心理学会儿童情绪管理读物）
书名原文：What to Do When Mistakes Make You Quake: A Kid's Guide to Accepting Imperfection
ISBN 978 - 7 - 122 - 30558 - 9

Ⅰ.①怕… Ⅱ.①克…②杰…③珍…④王… Ⅲ.①情绪－自我控制－儿童读物 Ⅳ.①B 842.6-49

中国版本图书馆 CIP 数据核字（2017）第 218604 号

责任编辑：郝付云　肖志明　　　　　　　装帧设计：邵海波
责任校对：宋　玮

出版发行：化学工业出版社（北京市东城区青年湖南街13号　邮政编码100011）
印　装：北京新华印刷有限公司
787mm×1092mm　1/16　印张6　字数50千字　2023年1月北京第1版第13次印刷

购书咨询：010-64518888　售后服务：010-64518899
网　　址：http://www.cip.com.cn
凡购买本书，如有缺损质量问题，本社销售中心负责调换。

定　　价：20.00元　　　　　　　　　　　　　　　　　　版权所有　违者必究

写给父母的话

害怕犯错是正常的。你可能害怕开会时说错话，害怕在陌生的城市旅行时迷路。孩子也会这样想。有的孩子非常害怕犯错，他们不敢尝试有挑战性的事情，甚至会把错误推卸给他人；有的孩子可能会拒绝参加自己不擅长的活动；有的孩子会因为反复擦写、重写或者过度努力做其中一项作业而不能按时完成作业。因为担心做错或者犯错误，有的孩子会尽力控制局面以确保成功，或者把失败的原因归咎于他人；有的孩子自卑，或者自我苛求；因为害怕做出错误选择，有的孩子常常难以决断。尽力避免错误常常让大人和孩子都精疲力尽。

理解和接受错误不仅能够帮助孩子更容易从生活的打击中重新振作起来，而且也能够鼓励孩子勇敢尝试新事物。所以，当孩子出错、失败或者没有达到我们预期目标的时候，你会怎么做？作为父母，你如何培养孩子不怕犯错，让孩子学会处理输赢呢？

你如何应对孩子过于担忧失败的情绪呢？

也许你已对孩子说过很多次的"没关系，每个人都会犯错"和"人无完人"。如果你是这样安慰孩子的，那么你就做对了。接下来，你可以帮助和支持孩子学会更加平衡的生活方式，学会容忍错误和从生活经历中增长见识，提高自信。

《怕犯错，怎么办？》会帮助你和孩子梳理担心出错的想法，并提供相应的思考方式以及理性应对生活挑战的策略。本书的基本方法是认知—行为疗法——人的想法、情绪和行为是相互关联的，也就是说，一个人的想法会影响他的情绪，从而影响他的行为。

担心出错的孩子是怎么想的呢？这很难说清楚，因为这些想法往往发生得很快，是无意识的，而且每个孩子的情况也不一样。你在帮助孩子确认想法时，可以引导他注意那些阻碍性想法。例如，假设你的孩子不去学骑自行车，他的潜在想法可能是：我永远也学不会，或者我学不会，还可能弄伤自己，又或者我很笨，或者如果不能快点学会，我就再也不学了，等等。

当你的孩子不想尝试骑自行车时，他是沉浸在自己的想象里——他没有意识到，实践才是自己能够学会骑自行车的机会。下面是另一个孩子的情况：一个孩子花了大量的时间来学习，因为她不允许自己出错。她可能会想：如果我做不对所有事情，我就是一个彻底的失败者；或者我必须做对所有事情，因为每个人都期望如此；或者如果我不连续学习好几个小时，并反复复习以保证自己知道答案，那么我就会出错。过去的成功告诉她过度学习是必要的。要知道，强迫孩子改变行为是无效的做法，但是，我们可以提供一种循序渐进的有效方法。

在你开始使用本书之前，我们建议你自己先读一遍。和孩子谈谈你的成长经历：让他害怕的类似错误，你那时候是如何处理的，现在又是怎么处理的。当你的孩子在尝试本书的练习时，你可以让他试着出错或者尝试新的挑战来增强他的体验。

下面是一些有帮助的提示，请你在阅读本书时牢记于心：

- 侧重努力的过程而不是结果。
- 让你的孩子犯错——不要替孩子做事。
- 接受自我，正确面对失败。
- 告诉孩子，你是如何应对错误的。
- 展示幽默感。
- 平衡好工作和娱乐。
- 孩子的成绩属于他自己——不要通过孩子的成功（或错误）来衡量你自己。

你和孩子马上要开始对未知领域探险了。请慢慢来：每次读一到两章。鼓励你的孩子做书中的练习。一起讨论书中的例子和练习在现实生活中是如何应用的。在探索新的思考和行为方式上，做一个耐心的合作者。和孩子一起享受这美好时光，展开一段奇妙之旅吧。

所有的孩子都需要面对错误，但是，如果孩子经常或者长时间地担心自己犯错，就容易焦虑、抑郁、消极、失落和愤怒。也许你会在"**美国心理学会儿童情绪管理读物**"系列中发现应对这些消极情绪和困难的图书。另外，如果有需要，请向医生或心理专家咨询更多的建议。

目 录

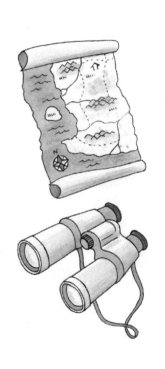

第一章

让我们去探险吧!

探险家才会有新发现。

很久以前,探险家们在远洋航行后发现了新大陆。

6

他们在丛林里艰苦跋涉，发现了以前从未见过的人类。

今天，探险家们乘坐火箭，去太空旅行。

还有一些探险家，他们探索深海，潜到海底去观察鱼类和其他海底生物。

这些探险家们有一个共同点：他们调查的都是自己从未去过的地方。

很多孩子也是探险家。他们经常探访邻居，寻找可以玩耍或者享受自然的有趣地方。他们甚至会探索家里或房间的某个地方，比如一个不经常用的壁橱，一个装着家庭老照片的盒子，或者一间阁楼。

把你探索过的有趣地方
画出来或者写出来吧！

你用了哪些东西帮助你探险？ 放大镜，指南针，手电筒？

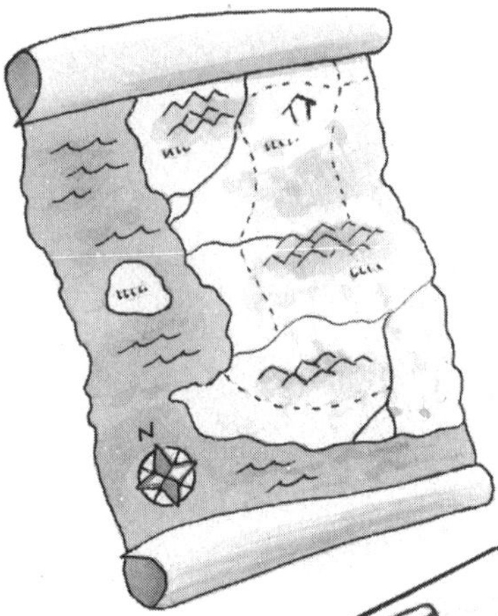

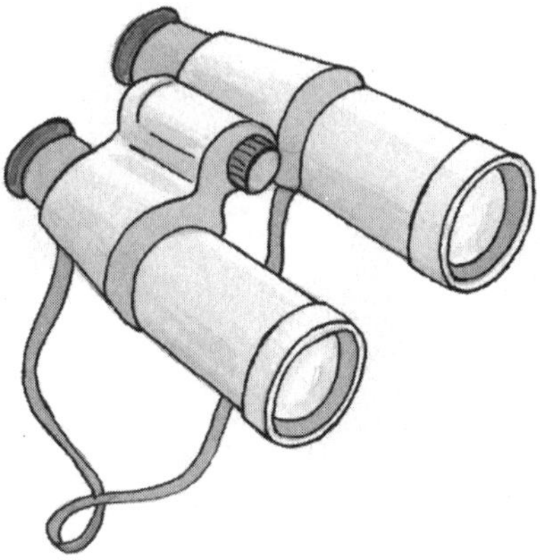

_____

_____

_____

_____

_____

_____

你发现了什么？

_____

_____

_____

_____

_____

照片

大多数探险家需要一段时间才能有所发现。他们虽然会使用地图，但是仍然可能不知道自己在哪儿或者会发现什么。 例如，去亚马孙的探险家在找到要探险的河流之前，可能会探索一无所获的丛林，也可能会转错弯走错路，甚至需要重新开始自己的探险！

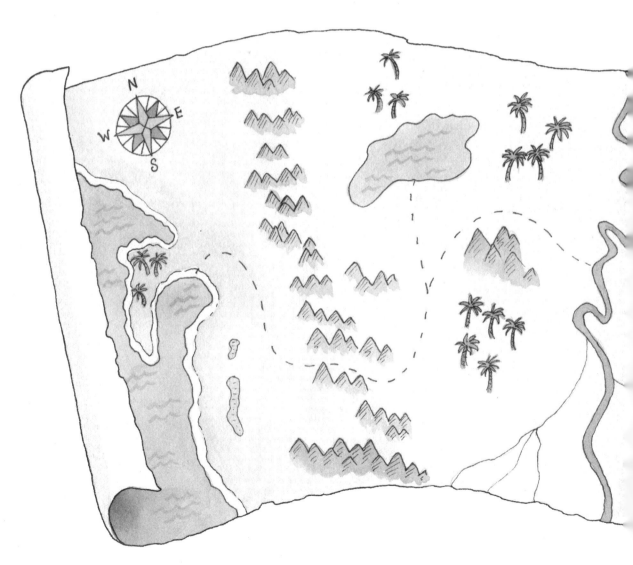

当一位探险家说,"只有在保证不出错的情况下,我才会去寻找新陆地",你想对他说什么?你很有可能想要说服他,错误是探索新事物的一部分。

或者,假设在探索了一两个地方后,探险家说:"我根本不擅长探险!"并开始哭泣。你可能会说服他,让他坚持下去!

没有人喜欢犯错，但是犯错是生活的一部分。那些难以接受犯错的人可能会：

- 设定自己的原则。（"只有在保证不出错的情况下，我才会去探索这片丛林。"）

- 将错误归咎于他人。（"你让我走的错误路线。"）

- 说一些对自己没有帮助的话。（"我根本不擅长探险。"）

- 一意孤行，坚持按照自己的方法来做。（"你会把我们带错的，还是按照我的方法来做。"）

那些难以接受犯错的人还可能有其他行为特点。他们可能会：

- 难以做出决策。("我不知道应该走哪条路。")

- 把事情复杂化，因为想要做到最好。("我会制作一张精确的丛林地图，包括每棵树木、每种植物。")

- 怕做不好，一直拖到最后才做。("以后有的是时间来准备这次探险。")

- 太关注错误而忽视了好的方面。("那个错误毁了一切。")

- 还没有尝试就放弃。("我认为这次探险不会成功。还是别去了。")

这些是不是跟你的做法很像？如果是，你可能就是一个难以接受自己犯错的人，一个努力做到永远正确的人，一个很难接受不完美的人。如果你能像一名探险家那样思考——发现、犯错、选择接受挑战并继续前进，那么，你就会明白：做最好的自己就已经足够了！如果你需要帮助才能积极地接受错误，那么，这本书就非常适合你。

接着往下读，开始探索如何接受错误并从错误中吸取教训吧！

第二章

探索想法和感觉

假设你正在南美洲的亚马孙丛林中探险，目的是寻找一种罕见的虫子，这种虫子能够在一天之内让一整棵树的叶子全部脱落。

野兽和虫子都擅长隐藏。有些小虫子，尤其是那些破坏性特别强的虫子，很难被我们发现。

要想找到你想要的虫子，你需要吃

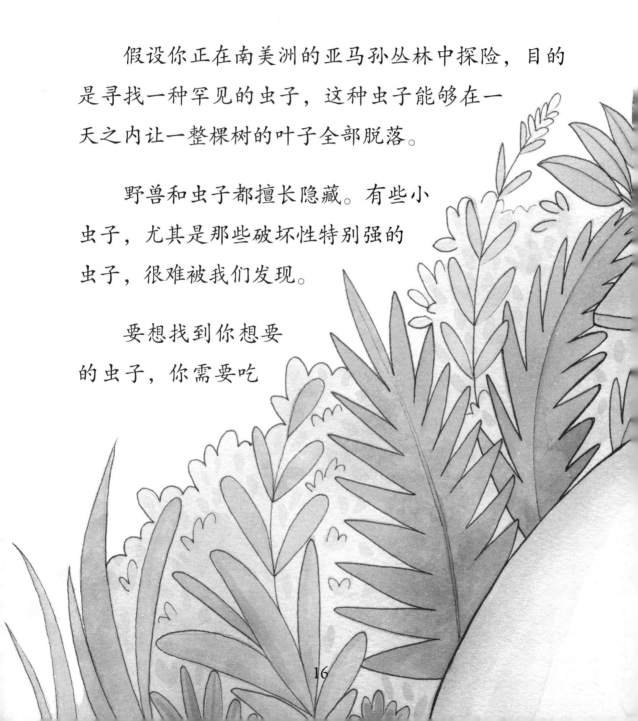

苦耐劳，并且认真、耐心。另外，你还要留意一些平时没有注意到的东西。

你能找到隐藏的六只虫子吗?

这些虫子很难被发现，但是一旦你知道你要找什么，你就会很容易地找到它们。确认你的感觉也是如此，找到描述自己感觉的词语可能会像寻找虫子一样困难。所以，认识自己的感觉同样需要耐心和

19

练习。开始时，你很难给自己的感觉命名，但只要你知道你想要什么，那么，认识感觉就会变得很容易。

乔希在做学校里一个关于探险家瓦斯科·达·伽马的课题，他虽然已经花了一个月的时间，但还是没有赶上学校的进度，他担心自己不能按时完成任务。

他也试着想在网上查找资料，但是他不清楚老师的要求，所以，他总是玩电脑游戏，没怎么做课题。

当父母看到乔希在玩电脑游戏时，乔希的脸都红了。他开始头疼，但却没有告诉父母其实他不知

道哪些资料有用，哪些没用。每次父母查看他的课题时，他的手总是会冒很多汗。

可怜的乔希！当拥有强烈的感觉时，人们会发现身体也会有强烈的变化。这些身体反应是泄露人们内心感觉的线索。

乔希需要你帮他认识内心的感觉！

拿一支铅笔或者荧光笔，再看一下乔希的问题。这次将泄露乔希内心感觉的所有线索都圈出来。提示：有三条线索！试着找到它们。

你是否找到了这三条线索？

一旦你知道要找什么，你就会开始认识自己的感觉！

- 如果乔希注意到他的脸变红或者发烫，那么，这就是一条感到羞愧的线索。

- 如果他的额头发紧或者他开始感到头疼，那么，这可能是遇到了挫折。

• 如果乔希的手心出汗，那么这可能是显示他内心焦虑的信号。

乔希很想做一份正确的报告，他也不想犯错。你可以想想你因为犯错而沮丧的时候。

当你因为犯错而感到沮丧时，你的身体会有哪些反应？把它们圈出来。用一条线，将你的身体部位的反应和你的一种或多种情绪连起来。

你的探索进展顺利！你已经知道，当

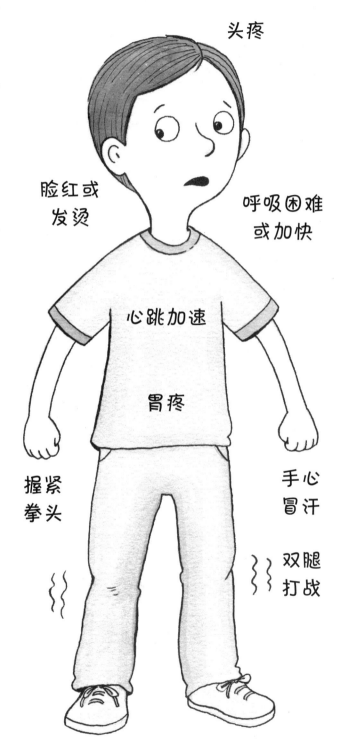

头疼

脸红或发烫

呼吸困难或加快

心跳加速

胃疼

握紧拳头

手心冒汗

双腿打战

情绪

担心或焦虑　　　　　　　　伤心

内疚

害怕　　　　　　　　羞愧

失落

生气或愤怒

你因犯错而感到沮丧时，你的身体会如何反应。

一旦你确认了自己的感觉，你会怎么做呢？其实，你的感觉，像愤怒、害怕、羞愧、担忧，等等，都没错。你的不舒服只是告诉你，你需要解决一个问题！所以，现在动脑思考吧。

因为你的想法会影响你的感觉，所以现在我们要认识自己的想法了。

下面是一些孩子因为犯错而感到沮丧时的想法：

- 我没有射进球门，我是一个糟糕的球员。

- 我吹奏错了音阶，我根本就不擅长吹小号。

- 这些杯装蛋糕好难吃，糖霜都化了，没人会喜欢吃。

- 我的作文是最差的，我不会写文章。

拥有这些想法，难怪这些孩子会感到沮丧。没人喜欢犯错，但是这些想法会让事情变得更加糟糕！我们把让事情变得更加糟糕的想法称为**无益想法**。我们想知道这些**无益想法**是否有用，或者有没有让我们考虑事情时心情好一些的方法。这些让我们心情好一些的想法就是**挑战想法**。现在让我们挑战那些**无益想法**吧。

- 我没有射进球门。那个球很难踢进去。

- 我吹奏错了音阶。不过，只要我多练习，我肯定会吹奏对的。

- 杯装蛋糕的糖霜都化了，但它们依然很好吃。

- 老师上周还将我的作文贴在黑板上。这次我只是需要他人的帮助。

如果这些**挑战想法**起作用的话，那就太好了。这些孩子就不会再像以往那么沮丧，心情也会好起来。

多么棒的发现——**改变思考错误的方式也会改**

25

变心情！

挑战想法能让人们心情更好。这时，人们会做得更多、相处融洽、敢于尝试，更好地解决问题。

但是我们的想法往往会迅速出现。

要想快速找到有用的**挑战想法**，就需要练习。

你可以和父母或者别的成年人玩下面的游戏。**思考**一些探险家或者初学者可能有过的问题和**无益想法**，比如：

- 克里斯托弗·哥伦布本来要去亚洲，可他却到了一块陌生的陆地，而且他的船也无法绕行。他可能会想：我把事情搞得一团糟，伊莎贝拉女王会非常生气！（译者注：西班牙伊莎贝拉女王赞助哥伦布横渡大西洋。）

- 一个名叫埃德蒙·希拉里的男人在尼泊尔试图爬上一座  非常高的山峰。就在他和伙伴准备登顶的那天，暴风雪阻断了他们的计划。第二天，天气太冷，靴子都结冰了，他又花了一天的时间来去除靴子上的冰块。起初，他可能会想：我们**永远**到不了山顶！

- 凯特琳班上的大多数女生都会骑自行车了，但是她还不会。她的爸爸带她出来练习，她不停地摔倒。她可能会想：我永远学不会骑自行车！

现在，请选择上面的一个例子或者你自己的某种经历，在计时器上设定一分钟，就那个人的**无益**

想法提出来尽可能多的**挑战想法**，在你说的时候，让大人帮你记下来。一分钟结束后，将最好的**挑战想法**圈出来，这就是那个可以让你清晰思考、保持冷静，并且帮助你解决问题的想法。它是你立刻想到的，还是过了一会儿才想到的？

值得一提的是，举的这些出错的例子，主人公最终都得到了非常好的结果。你猜到了吗？克里斯托弗·哥伦布发现了美洲。埃德蒙·希拉里和他的登山伙伴是第一批登上世界最高峰——珠穆朗玛峰的人。凯特琳是一个真实的女孩——她现在已经长大了，每天骑自行车去工作。

有时，错误是成功的开始！有时，虽然错误让我们无法成功，但是挑战**无益想法**也有助于我们渡过难关。

你是否了解各种各样的**无益想法**呢？

灾难化、**非黑即白**和**自我苛求**都是无益的想法。

接着往下读，了解这些**无益想法**，学习挑战它们的方法吧！

预防灾难想法

火车失事、毁灭性的飓风、破坏力强的地震，以及其他自然灾害都是灾难。犯错或者没把事情做好并不是灾难。但是，有些人却认为，不完美就是一场灾难。

　　灾难想法就是一种**无益想法**，这时，人们会认为一件小事也会导致灾难性后果。**灾难想法**就像山上滚下来的雪球，越滚越大。一个优秀的探险家需要时刻留意前行道路上滚动的雪球。

灾难想法通常是人们从担忧一件小事情开始，然后越来越焦虑。你堆过雪人吗？我们知道，开始堆雪人时，需要先做一个小雪球。然后你放在地上慢慢滚，雪球就会变大

越来越大

越来越大

灾难想法就像一个越滚越大的雪球。本来是一件小事，却引发一个不切实际的想法，以此类推，最终会让你认为，将会发生巨大的灾难。

麦克斯就有这种想法。明天就要数学考试了，他没有多少时间复习了。这让他开始担心考试我们看一下他的"雪球"想法！

高中数学考试也考不好。

我考不上好大学。

在**无益想法**刚开始时，你可能难以理解，为何最终会产生**灾难想法**。而当这发生在你身上时，你就会明白，这就是真实存在的一种烦恼。

看看你能不能想出来，这些想法是如何像滚雪球一样越变越大的。从最小雪球的小问题开始，填写空白的雪球，从而展示出这些孩子的想法是如何变得越来越焦虑的。

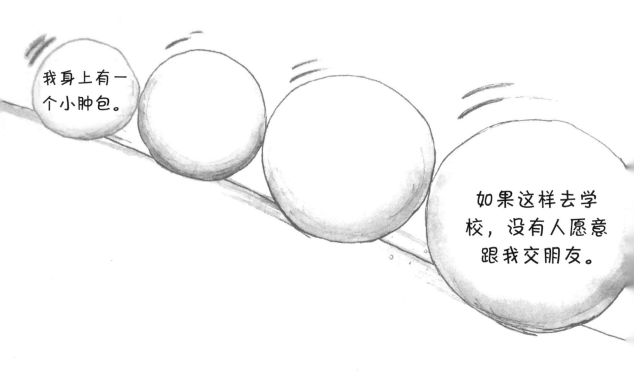

我身上有一个小肿包。

如果这样去学校，没有人愿意跟我交朋友。

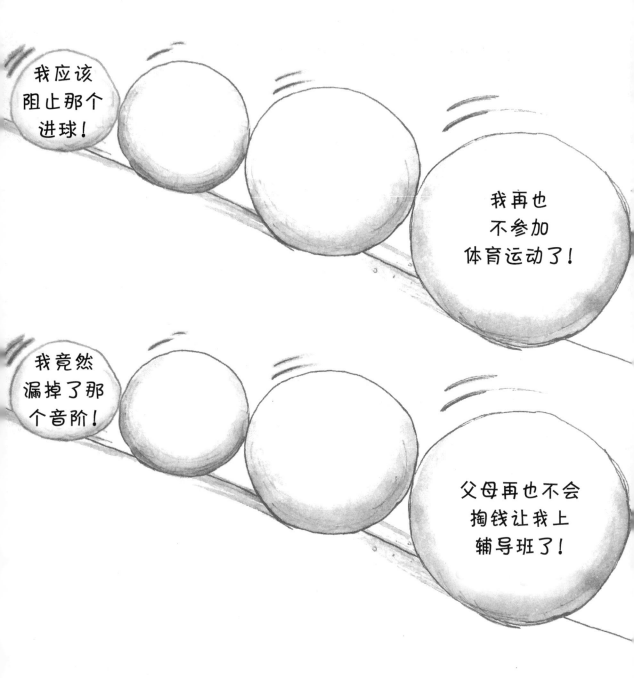

　　为了预防**灾难想法**像滚雪球样失控，在"雪球"变大之前，及时改变想法是非常有帮助的。要知道，人们都会有小肿包，有擦身而过的进球，也会吹奏错音阶，这些都不一定会变成**灾难**。

灾难想法像越滚越大的雪球，但这并不是它唯一的表现方式。

　　有时，当一个人认为，糟糕的事情将要发生的时候，**灾难想法**会第一时间出现在这个人的脑海中。

　　注意！在上面那段话里，你可能已经看出来一个问题。

　　你是否注意到这个句子，**将要发生**？在这个句子中有一条线索：当人们有**灾难想法**时，他们认为这些事情**将要**发生，而实际上，他们真的不知道是否会发生。他们在预测未来。

　　看下面的例子：

　　莎伦受邀到朋友家过夜。她之前没去过朋友家，她感到非常紧张。她的脑海里充满了各种各样**将会**发生的想法。

　　圈出那些你认为莎伦在预测未来的词语，也就是说，她认为将要发生的事情——想到的**灾难想法**。

我不知道凯尔西家的规矩。
我会做错事情，那我就会很羞愧。
她的父母会认为我没礼貌，
再也不让我跟凯尔西玩。

好消息是，你可以**挑战**这些**灾难想法**。假如莎伦告诉自己，这些事情可能会发生，也可能不会发生，她会怎么样？她可能还会有点紧张，但是不会紧张得那么厉害了。

运用你探险家的本领，找到汉娜预测未来，但不知道接下来真正会发生什么的思考方式。

汉娜喜欢骑马。她每周都去学骑马。

她已经学会了快步、跑步和跳跃。

老师一直邀请她参加马术表演，和同龄的马术骑手比赛。但是汉娜总是说："不。"

她认为自己不会赢，还很笨，肯定会得倒数第一。

首先，圈出汉娜的**灾难想法**。提示：找一找，汉娜认为**肯定**会发生，但却只是**可能**发生的事情。

汉娜的想法是有问题的，这会让她害怕尝试，哪怕仅仅是一场马术表演。

汉娜应该如何**挑战**这些想法呢？她可以告诉自己有些事情**可能**发生，也可能不会发生。

她也可以像探险家去探险一样，搜集很多有关马术表演的信息。这有助于她更好地了解表演时**可能**发生的情况，而不是让她的**灾难想法**告诉她什么**将会**发生。

让我们告诉汉娜，如何进一步探索和思考更加实际和有用的想法。

如果汉娜决定戴上她的探险帽去搜集更多的信息，她可以：

- 向参加过马术表演的小伙伴询问经验。

- 向老师请教，在马术表演时要做什么动作。

- 观看一场马术表演，了解表演情况以及同龄小伙伴的马术水平。

如果她这样做了，她就会发现：

- 骑术老师知道马术表演要求学生演示哪些技能，他们会帮助学生练习。

- 并不是所有参加马术表演的人都能完成每一个动作，即使他们在训练时能做好。

- 大多数孩子只能做好部分动作，而观众已经认为他们很棒了。

此时，汉娜将会发现，虽然她**可能**会在表演中犯错，但不可能只有她一个人犯错。

她还会发现，即使她做错了，她仍然**可能**表演好其他动作。

有了这些实际想法会让汉娜感到轻松一些，但是，她可能还会紧张。

在你害怕尝试新事物时，认真思考那些可能发生的糟糕事情，对你非常有帮助。你会发现，当你认真思考时，可能发生的最坏事情不一定会发生。

最让汉娜担忧的事情是，马不听自己的指挥。她的脑海中浮现这样的一幕：她骑在马上连踢带打，但马儿却不理她，低头去吃青草。

她确信，如果马儿那么做的话，别的孩子**将**停止表演，围着她哈哈大笑。

　　让我们帮助汉娜走出来。我们可以提醒她：一些不好的事情**可能**会发生，但发生的概率很小。即使马不配合表演，它也不会拒绝汉娜想要它做的大多数动作。而且，即使表演当天马的脾气不好，小伙伴也可能因为忙着自己的事情而顾不上嘲笑她，甚至都没注意到她。

　　所以，在你害怕尝试新事物时，你可以思考一下，你最害怕发生的事情，其实是多么不可能发生。

还有另外一种**灾难想法**。除了把可能发生的事情，当成将要发生的事情之外，有时候，当实际上只有**一些事情**可能出错时，有些孩子则认为**所有事情**都变得非常糟糕。

继续戴上你的探险家帽子，帮助杰克找到他的**灾难想法**——"所有事情都错了"。你可以圈出来，或者画出来这些想法：

杰克受邀参加最好朋友的生日聚会。他听说聚会是在一个攀岩体育馆内。他没有去过那里，有点害怕；他害怕高高的岩壁，担心攀岩绳索会断；他担心攀岩太慢别人会嘲笑他；他不喜欢香草味的甜品，而生日蛋糕可能会是这个味道；当他去参加聚会时，他的家人可能会做一些有趣的事情；还有，朋友也可能会邀请乔治，而乔治有时会捉弄自己。

让我们帮助杰克走出来。

写一写你认为杰克在聚会时可能会喜欢的事情，一定要包括，他认为可能会出错而实际上却进展顺利的事情。提示：杰克可能发现，他非常擅长攀岩。

当**灾难想法**阻碍你时，请扫除前进道路的障碍。

- 不要让你的想法像滚雪球一样越来越大。

- 不要预测未来。

- 不要假设所有事情都会出错。

- 不要忘记有些事情会进展顺利。

如果不确定自己正在想的是不是一种**灾难想法**，你可以和一位成年人聊一聊，试着让他帮你一起确定。

当你挑战**灾难想法**时，请继续你的旅行，开启新的道路、学习新的本领！

第四章

小心非黑即白！

假设一队海洋学家正在深海搜寻一种罕见的鱼类。如果寻找了好长时间，他们还没有找到那种鱼，他们肯定非常沮丧。设想一下，其中一名海洋学家说，他们真是太失败了，永远也不会找不到这种鱼，因为他们是最差劲的探险者。那么，这个人正在进行极端化思考：如果他们探险不成功，那么他们就是失败者，绝没有中间状态。

这就是**非黑即白思维**。

非黑即白思维是另外一种无益想法。它意味着，你认为事情要么全部是坏的，要么全部是好的，没有介于中间的。**非黑即白思维**能够使人想到：错误和失败是一个人永远不会成功的标志。事实上，绝不是如此。

下面是有些人出错或没有成功时使用的一种非黑即白思维：

你注意到这些词语有什么特点吗？它们都是极端化的词语。它们听起来是永久性的——当你使用**非黑即白思维**时，你就认定自己的这些特征是无法改变的。

假如一个孩子不用这些**非黑即白思维**，而采用下面一种不太极端的想法：

对你而言，这些想法是否不那么**非黑即白**了？你认为这些想法会让人感觉好一些吗？会鼓舞人继续尝试而不是轻易放弃吗？

麦迪正在使用**非黑即白思维**。她已经练了三年的体操了，跟她一起学习的半数同学都已经学习下一个阶段了，但是教练认为麦迪还没有为下个阶段做好准备。麦迪想：我真是一个十足的笨蛋！我永远也学不好。我要放弃！

你是否注意到麦迪使用的词语？"十足"和"笨蛋"听起来像是永远不会改变的特征，而"永远"，就是　　　永远！她正在假定自己的特征永远无法改变——正在使用**非黑即白思维**。

假如麦迪想到：班里一半的同学要比我更加优秀，或许我需要每天晚上都做拉伸练习，让自己变得更加灵活，并且在课上坚持进行柔韧性训练。

你认为，她这样想会不会让自己感觉好一些，会不会更愿意上体操课呢？

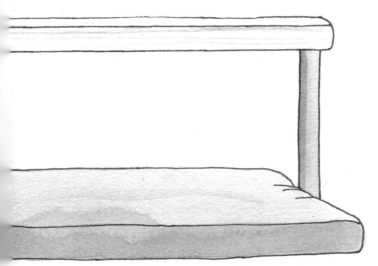

你发现麦迪在贬低自己吗？

当麦迪使用像"十足""笨蛋"和"永远也学不好"等词语时，她正在苛求自己。她可能对朋友都不会这么想！

麦迪正在使用**非黑即白思维**来苛求自己。

她在假定自己有消极的特征（**自我苛求想法**），假定这些特征是永远存在的（**非黑即白思维**）。

如果你感到自己在像麦迪一样使用**自我苛求**的词语，你可以通过思考问题来挑战**非黑即白思维**，比如，出现的问题是不是暂时性的，是不是可以改变的。

挑战**非黑即白思维**需要不断练习，在这个过程中，你能够认识到那些**自我苛求**想法，学会善待自己。

将下面的这些表述和认为这些表述是暂时性的、可改变的想法进行匹配，这也可以挑战**非黑即白思维**。在左边的框里，你会看到一些听起来是永久性的想法；在右边的框里，你会发现一种**挑战想法**。用线将每种**非黑即白思维**和对应的**挑战想法**连接起来吧。

非黑即白思维

- 我唱歌太难听了。

- 我不擅长画画。

- 我不会投球。

- 出错后，没人会邀请我参加戏剧表演了。

挑战想法

- 观众好像没注意到我漏了一些词。

- 我需要努力提高投球水平。

- 每个人总会有唱不准的音阶。

- 学好画画需要多加练习。

有些词语是显示你在正确还是错误方向上思索的标志。假设你是一名探险者，你正在寻找一条穿越高大山脉的路线，你需要找到一些线索，来确认这条路线可以通行。

　　拿两支不同颜色的笔，比如说红色和绿色。用红色笔在有**非黑即白词语**的道路上打个×，用绿色笔圈出能够帮助人用更现实的方式思考或者挑战**非黑即白思维**的词语。太棒了！你可以很快穿越这

些山脉。探险可以继续进行，你可以探索山那边的地方了。

现在你已经学会如何认出**非黑即白思维**和捕捉那些**自我苛求想法**了，即使它们转瞬即逝。

非黑即白思维也会让人很难去尝试新事物。

马克想学空手道。他的爸爸带他去参观附近的一所空手道学校。马克说："爸爸，学校很好，但

55

是，我觉得对你来说费用太高了，而且我也可能不喜欢它。"他的爸爸听了他的话很吃惊。他告诉马克，空手道的课时费不太高，他也知道马克非常想学空手道。

马克怎么了？

可能你已经猜到了！在马克参观学校时，他看到课上那些孩子惊人的动作。一个男孩的腿快踢到自己的鼻子了！一个和马克同校的女孩用脚踢碎了一块木板！马克想：我学不会那些动作！我会显得很笨！

这些想法转瞬即逝！你是否捕捉到那些**非黑即白**的词语？如果没有，再读一遍马克的想法，直到你找到它们。

如果马克的爸爸知道马克刚才是怎么想的，他可能会为马克提出一些**挑战想法**。你能把自己的挑战想法写在下面的横线上吗？

• 学习像空手道这样的功夫，需要多加练习。

- 这些孩子的动作这么过硬，背后一定有一位优秀的教练！

- _____

- _____

时刻提醒自己挑战**非黑即白思维**，学会挑选一条绕开障碍物的前进道路！

哎呀，天哪，唉！

　　乔恩和艾米是邻居。在他们家后面，有一个公园，公园里有一条小溪。他们的父母允许他们去公园里探险。他们在背包里装了防晒霜、水和食物后，就一起出发了。刚开始探险，他们非常兴奋。

　　首先，他们发现了路边的一些野花。艾米想要拍照，所以他们就停下来翻找相机，然后发现忘带相机了。哎呀！

　　绕着公园走了一圈后，乔恩建议他们停下来休息一会儿。他抽出吸管想要喝酸奶，不料却把酸奶挤到了自己的衣服上。天哪，太糟糕了。

乔恩把衣服上的酸奶擦干净后，他们休息也结束了，他们决定沿着小溪走。他们在一块大石头上发现了一些乌龟，"看，"艾米说，"你看到那块石头上的三只乌龟了吗？"

　　乔恩回应说："旁边的石头上还有六只呢。"

　　"哇，"艾米说，"一共有八只乌龟！我还没见过这么多乌龟呢。"

　　"艾米，三加六是九。"乔恩纠正说。

"唉，"艾米小声嘟囔，"我本来想说的就是九。"

乔恩和艾米每个人都犯了不同的错误。你能指出他们的三个错误吗？

乔恩的错误：1. _____

艾米的错误：2. _____

　　　　　　　3. _____

一些错误是**遗忘**：指的是你忘记带什么东西或者忘记做什么事情（"哎呀"）。

一些错误是**事故**：你做错了事情，但却不是故意的。例如，你不小心撞到了别人，或者弄洒了什么东西（"天哪"）。

一些错误是**粗心**：犯错是因为着急，或者没有重视这件事（"唉"）。

让我们思考一下，犯错后应该怎么办。当你犯了**遗忘性**错误，你需要做的是去**解决问题**。例如，如果你上学时忘记带午餐了，那么你需要解决的问题就是，你午餐的时候吃什么。

现在，回想一个过去你曾经犯过的**遗忘性**错误。那时候你是否解决了问题？如果解决了，你是怎么做的？如果没有，那么再犯同样的错误时，你知道应该做什么吗？

我的错误：_____

_____

当错误发生时，我 _____

_____

下次，我会 _____

_____

当你犯了一个**事故性**的错误，你需要把现场**清理干净**，或者**道歉**。比如，你洒了饮料，你需要**清理干净**；你撞到了别人，你应该**道歉**。

回想一个过去你曾经犯过的**事故性**错误。你采取（或者已经采取）一些弥补性的措施了吗？你对他人说"对不起"了吗？

我的错误：_____

_____

当错误发生时，我 _____

_____

下次，我会 _____

_____

当你犯了一个**粗心·性**的错误，你需要做的是**改正**错误。你也许需要**改正**家庭作业中的一个答案，或者重做，把事情做好。

回想一个过去你曾经犯过的**粗心·性**错误。你做了什么？下次，你会如何把事情做好？

我的错误：_____

_____

当错误发生时，我 _____

_____

下次，我会 _____

_____

下面是当你犯错时，对你没有帮助的一些行为：

- 说一些苛求自己的话。

- 撕碎你的作业。

- 认为是别人的错。

- 把做错的事情当成正确的。

当人们这样处理错误时，他们常常会非常沮丧，从而失去从错误中学习的机会。所以，当你犯错误时，要学会承担责任。这意味着你要正确地应对错误——你可以**解决问题**、**清理现场**、**道歉**或者**改正错误**。

现在轮到你来帮助这些孩子处理错误和承担责任了！为下面的每一个事例圈出处理错误的最好方式。

粗心性的错误

马修画了一只狗，但是尾巴太大了。圈出来你认为对他来说处理这种错误的最好方法：

擦掉尾巴，　　　　　　把这张画撕碎。
修改这张画。

遗忘性的错误

艾瑞卡把体操裤忘在了家里。圈出来你认为对她来说处理这种错误的最好方式：

她说："妈妈，你
为什么不提醒我？"

每天晚上，她都会
检查自己的背包，确保
带齐了第二天的东西。

事故性的错误

哈利在回座位时踩到了杰西卡的脚。圈出来你
认为对他来说处理这种错误的最好方式：

他说："对不起，
你还好吗？"

他没有理睬莫西卡，
继续往前走，并且认为
她已经把脚挪开了。

当你犯错误时，要勇于承担责任，你会为把问
题处理好而感到自豪。学习在错误中成长，你还可
以学到更多的东西。

探索失败

在开始探险时，探险家们不知道他们将会发现什么，他们需要对不可预料的事情做好心理准备。有时候，他们会非常失望，因为他们不可能总是找到自己要找的东西！

在1850年左右，有人在加利福尼亚州发现了黄金。消息传开后，人们开始成群结队地涌向加利福尼亚州淘金。在旅途中，很多人都面临了严峻的考验。并不是所有人都成功到达了那里，一些人不得不放弃了淘金的梦想。

历尽千辛万苦到达加利福尼亚州后，有些人并没有找到黄金，你能想象出他们内心的强烈感受吗？

你认为这些人会如何应对自己的失败？

有时，你必须去**接受失败**。接受，在这里的意思，并不是对自己说："哦，好吧，我不在乎。"而是要对自己说："失败让我感觉很难受，但是我会处理好它。"

当事情没有按照我们预期的方式发展时，不喜欢犯错的人会经历一段特别艰难的时期。但是，失败就像那个你不能抓挠的疥疮（jiè chuāng），它让你很烦恼，可能是一小会儿，也可能会很长一段时间，但是，它肯定会慢慢消失。

一旦感到轻松了（疥疮消失），你就会把注意力从失败转向以后应该如何努力和该做什么事情上。这就是**改变视角**的一种方式。

改变视角是指换个方式看问题。

如果你**改变视角**，一件会发生的事情是：你能从错误中学会一些东西。

再举例子：

请看下面的图片：

你看到了什么？你可能看到两个人脸的侧面轮廓。但是，如果你继续看，你也能看到一个花瓶。这类图片被称为两可图。你可以用这个方式看，也可以改变视角，用另外的方式看。

正如观察两可图时，不同的看图方式能够让我们看到不同的图像，你也可以通过改变思考方式来改变自己对失败的态度。是不是很有意思呀？

既然，你已经通过观察两可图学会了一种新视角，那么，让我们再观察一次失败吧。

以发生在詹姆斯身上的一件事为例。詹姆斯第一次参加肥皂盒汽车大赛，他花费了好几个周末制作了一辆赛车，但是，他并没有赢得比赛，他很痛苦。过了好几天，他的心情才好点。

在他从失落中走出来后，他开始想办法改进自己的赛车，以便参加明年的比赛。詹姆斯决定再试着参加一次比赛。

艾森也为这次比赛制作了一辆赛车，他也花费了很多时间，同样也没有赢得比赛，当然，他也非常难受。

在他心情好一些后，他做出了一个与詹姆斯不一样的决定。他决定不再参加明年的汽车比赛。今年，他错过了社区联盟的足球比赛，因此，他决定明年去参加足球赛。

有很多方式来处理失败，你可以**再次尝试**，也可以选择**放弃**。

正如有两种方式来观察两可图，詹姆斯和艾森对没有赢得比赛也有两种不同的看法。他们看待参赛经历的**视角**不一样。詹姆斯决定改进设计，**再次尝试**。艾森决定**放弃**，他更愿意花更多的时间去踢球。艾森发现，要想在明年的比赛上获得好成绩，需要投入更多的时间，需要更加努力，所以，他做了一个切合实际的决定，选择把精力放在踢球上。他对自己尝试参加汽车大赛感到高兴，但是，他认为，**放弃**也是一个聪明的选择。

回想一件你尝试过，但却失败的事情。

画一画或写一写
你的那次经历

你用了多长时间才让自己心情好一些？

_____

你是再次尝试，还是放弃了？

_____

再举一个例子：玛雅喜欢踢足球，她想要提高进球水平。所以，她每天都练习射门。她练习从球网的左上角进球、越过守门员进球甚至练习头球入网。她努力提高进球技能，让进球更加精准。在参加足球比赛时，她有时会进球，有时球偏得厉害，有时球甚至会打在球门的横梁上。玛雅不可能做到百分之百的进球！失败是比赛的一部分。

但是通过她的努力练习，她不再害怕射门，即使她可能踢不进去球。我们可以像练习进球那样思考，像玛雅那样，一次没进球没什么大不了。她就是这样想的，从而也会这么做！

像詹姆斯一样，玛雅对这项运动真的很感兴趣，想要提高自己的水平。和玛雅一样，你也不会总是成功，但尝试会让你感觉更好。这都需要不断练习。你还可以改变自己的**视角**，学会**接受失败**。当你真这么做时，你就会像发现黄金一样高兴！

正视你的恐惧

洞穴探险家会戴一顶安全头盔和一个用来照明的头灯。头灯虽然能让他们看到自己前面的东西，但是，洞穴里依然非常黑暗，他们还需要用双手来指引自己，从而探索有趣的岩层。

经过数小时的洞穴勘测后，他们要返回营地吃午饭了。所以，他们往洞口走，出洞口走到阳光下，但是　他们看不到任何东西了！

这是怎么回事呢？

不是只有成为洞穴探险家才能有类似的经历。在一个晴朗的天气里，你从屋内走到室外，也会有这种体验。阳光照到你身上的一瞬间，你会感到眼睛看不见了。这一切是因为你的身体正在适应一些新事物。

认识到这一点，你就会发现，身体也会以同样的方式来适应自己的感觉。

当人们在尝试自己以前没有做过的事情时，他们可能会感到心跳加快、呼吸加速，或者胃痛。

我们称这种感觉是：

一件非常有趣的事情是：焦虑的反应就像我们突然进入阳光下看不清东西一样。

我们的身体不会长时间保持**焦虑**。如果我们坚持下去，我们的这些身体反应也会逐渐平复。

但是 如果我们逃避尝试一些新事物，或者非常快速地逃离新环境，我们的身体就没有时间进行调整和适应。

如果你**正视自己的恐惧**，坚持把让你感到焦虑的事情做下去，做了一段时间后，你的身体就会恢复平静，将来也不再这么过度反应。等你下次你再尝试的话，你的**焦虑**就会减少一些。

凯文很难接受自己作业上有一个小错误，所以，他总是在不停地用橡皮擦作业本。他甚至会擦掉一个非常小的错误，比如，标点符号和词尾的距离太短，或者字母 g 的弯尾巴太长。

因为擦了太多次，有时，凯文会把作业本擦破。擦破作业本往往会让他更加**焦虑**，他会把作业撕掉，重新写。因为这样，凯文做作业需要花费非常多的时间。在学校里，他总是在做完一项作业前就感到时间不够用了；在家里，他因为要花很多时

间写作业，从而没有玩耍时间。每次，他出错了，他的身体就会发出警报——他会出汗、想哭、发抖和呕吐。

　　凯文的老师建议他，在接下来的三周，凯文至少要在每张作业上犯五个小错误，以此来**正视自己的恐惧**。刚开始，凯文很难故意出错，但是，他还是照着老师的话做了。慢慢地，他做作业时不用再擦那么多次了，最后，他学会了适应这些随时出现的小错误，并且不再为此而感到沮丧了。

正如刚从黑暗的山洞里走出来的探险者最终会适应阳光，凯文的身体最终也适应了出错，学会了放松。通过在作业上故意留下错误，凯文让自己的身体意识到，犯错不是一件恐惧的事情。对每一个错误，他的身体不再像遇到突发事件那样紧张。他也不再为出错而伤心难过。

他的想法也发生了改变：现在，他认为犯错没什么。最终，他在学校的表现也非常好，并且，因为完成作业后还有许多时间玩耍，他也变得更加快乐。

现在，该你来犯一些错误了！你需要爸爸，或者妈妈，或者另一个你信任的成年人来配合你，我们把这个人称为教练。

一开始，和教练一起制作一张清单，列举你担心出错或者害怕失败的事情。比如：你担心老师让你站起来回答问题时，你不会；体育课上，轮到你击球，你担心击不中。

你的清单

下一步，该做让你焦虑的事情了。你可以从小事开始，但也不能太简单。你心里有点不舒服是正常的，但还是要去做。想想办法，可以先慢慢地小步做，然后变成中步，再变成大步。

下面是一些例子：

害怕在学校的话剧表演上说错台词：

小步——在排练时故意说错几个台词。

中步——在排练时故意说错一行台词。

大步——选择一个词语，在正式表演时故意说错。

害怕和朋友们聊天时说错话：

小步——说一个错误的词语，例如将袜子（sock）说成钟表（clock）。

中步——当你和朋友聊天时，说一个无意义的词语。

大步——在说出的一句话里，出现几个错误。

思考一下你列举在清单上的那些担忧事项，你计划采取哪些步骤来正视自己的恐惧？你可以自主选择步骤，因为只有你自己才明白自己的感觉。如果你需要更多的步骤，你可以进行补充。

我的步骤

你会需要教练的支持和鼓励。和教练沟通，对于你的努力如何进行计划奖励：小步小奖励，中步中奖励，大步大奖励。

下面是一些奖励的例子。

小奖励：

- 选择晚饭吃什么。
- 掌控一天家里的电视遥控器。
- 多玩一个游戏，或者多看一本书。
- 吃个小美食。

中奖励：

- 请朋友在家里住一晚上。
- 外出吃冰激凌或比萨饼。
- 挑选并租借一张 DVD。
- 烤制曲奇饼干。
- 一次远足旅行。

大奖励：

- 飞船或者其他艺术项目的材料，还可以花时间把它们组装好。
- 和朋友一起去看电影。
- 一件新玩具或别的东西。

列举一些你喜欢的奖励：

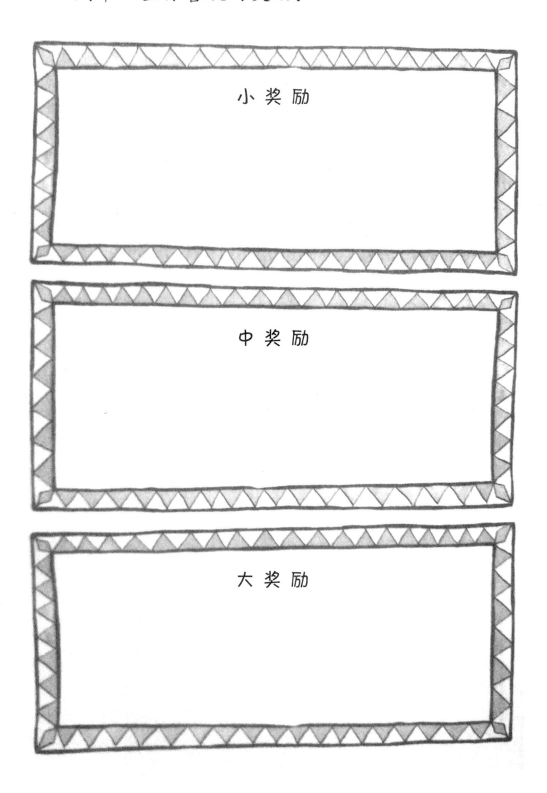

小 奖 励

中 奖 励

大 奖 励

故意出错并不容易，因为你不得不做一些会让你焦虑的事情。你需要勇敢地去做，**正视你的恐惧**。不要一步也"不做"，也不要自我安慰说没什么大不了的。同时，还不要让自己分心。如果你感觉到挑战，那么你就做对了。

　　通常，如果你适应了你做的任何事情，你就会开始感到不那么焦虑了。如果在更进一步前，你认为还需要再多练习几次，你可以再重复目前的行为步骤。

　　当你成功地实施了自己的步骤后，你就会越来越适应出错、做不好一些事情以及失败。

　　谁会认为犯错是一件好事呢？但是，通过多次尝试和犯错，你也会从错误中学到更多。同时，你也会经历更多，因为你更加愿意去融入并尝试一些新事物。所以，勇敢往前走　像一位探险家那样，到未知的土地上去探险，去犯错吧！

发现你的优点

　　优秀的探险家往往需要关注很多事情。假设一位探险家到了一个未知的海岛，她开始观察周围的环境。她低头一看，发现了一片恶心的泥泞沼泽。她认为，如果踩进去，她的靴子会很快被淹没，她也会陷入沼泽地。所以，她划船离开了。但是，如果她抬头看，她可能会发现一些美丽的棕榈树、起

伏的山丘以及离海岸稍微远一些的优美沙滩。

这件事情就好比一个人，他只关注自己身上的某一方面。其实，多方面、多角度了解自己是非常重要的。你要开阔自己的视野，不要只是低头看泥泞的沼泽，这样才不会错过美丽的风景。

有时，一些孩子之所以难以接受犯错，是因为他们总是把关注点放在事情的某一方面——令人沮丧的方面！世上没有一个人是完美的，但是，每个人都有自己的优点。千万不要忽视自己的优点。

花一分钟仔细想一下你自己。问一下自己：你自己有哪些优点？等下次你再为犯错而耿耿于怀的时候，你就想想自己的这些优点。

1. 你喜欢自己相貌的哪个部分？

   _____

2. 在你的房间里，有哪些让你感到自豪的东西？

   _____

3. 朋友们喜欢你的哪些方面？

   _____

4. 你擅长做什么事情？

   _____

5. 你努力去做并为此而感到骄傲的事情是什么？

   _____

6. 哪些事情让你的父母为你感到骄傲？

   _____

当你只看到你犯的错误时，你会变得**焦虑**和紧张。你可能想不起来那些让你感觉好的事情，也可能想不到那些能让自己快乐和平静的活动项目。当你的**无益想法**太强烈时，你甚至会忘记做你非常喜欢做的事情！回答下面的这些问题，将会有助于你记住那些会让你感觉良好的事情。

1.   在你的房间里，哪些东西让你感到平静和快乐？

　　　_____

2.   你做过的让朋友开心的一件事情是什么？

　　　_____

3.   因为喜欢某项活动，你感觉时间过得飞快，你还记得吗？

　　　_____

4.   你喜欢和爸爸或妈妈一起做哪件事情？

　　　_____

5. 如果下雪了（真棒！），还停电了，你会如何安排时间呢？

_____

所以，有时你会犯错误，这意味着什么？这意味着你不是一个超人。实际上，它的意思是，你就是一个跟大家一样的普通人。

你知道跟一个永远不犯错误的人相处有多痛苦吗？其实，有时候，你的错误会让你的感觉更加敏锐，更好地理解他人（因为他人也会犯错）。

要知道，有些人有时候就喜欢赢；有些人喜欢告诉你一些你前所未闻的新鲜事；有些人喜欢教你一些东西；而有些人不喜欢时刻都完美！请记住，当一个人犯错的时候，你还愿意跟他做朋友，这被称为有**同情心**。

虽然对他人有**同情心**很重要，但是对自己有同情心也很重要。**自我同情**意味着善待自己，就像善待朋友那样。下面是一个帮助你练习**自我同情**的游戏：

想象身体里有一个泰迪熊

　　很多孩子都有一个特别的动物玩具。如果你也有一个这样的玩具，你会明白，它好像无论怎样都会关心你，接受你。现在，闭上眼睛，想象着在你的身体里有一个泰迪熊玩具。它可能在你的头部，也可能在你的心中，或者你觉得合适的其他地方。在你的脑海中给它画一张像：它的脸非常可爱，笑容柔和；它软软的，让人忍不住想抱着它，而且大小也合适拥抱。现在，告诉泰迪熊一些让你高兴的事情。请注意它是如何保持笑容柔和的。再试着告诉它一些让你沮丧的事情，它的笑容还是没变。它关爱你，无论你怎样，它都会永远在那里！想一想，当你犯错时，它会说哪些安慰你的温柔话语？想一想，它会如何帮助你放松心情？它会给你一个怎样的温暖拥抱来表达它的关爱？

　　想象你的身体里有一只泰迪熊，这样的好处是，你可以带它去任何地方！如果你多次练习这个游戏，有时你会发现，不用再闭着眼睛也会看到它。

你能做到!

你学习了以开放的心态对待新的经历和接受犯错,你探索了关于失败的不同思考方式,了解了处理错误的不同方法。

学习新的本领需要时间和练习。现在,你就像一位要去探索未知领域的探险家那样,需要发现新的路线和创造新的地图才能到达目的地。这很难,但是,你使用新本领越频繁,你将会感到越来越容易。

你会越来越擅长捕捉和挑战那些**无益想法**。错误、糟糕和失败是每个人经历的一部分,如果你越能接受这一点,你就越能处理好自己的错误。从而,你会发现,你将有更多的时间去做自己喜欢的事情。在以后的人生道路上,你的自我感觉也会更好,人也会变得更加平和。

你阅读这本书学到的这些本领不仅仅对现在有用，在将来的日子里，你也会用到它们。所以，继续你的探险之旅时，别忘了随时复习这些本领：

新 发 现

当思考错误的方式让你感到沮丧时，请挑战这些**无益想法**。

不要**灾难思维**：请挑战你的无益想法，不要让它们像滚雪球一样失去控制。

避免**非黑即白思维**和**自我苛求想法**。目前的困难是暂时的，要像朋友一样善待自己！

当你犯错时，请勇于**承担责任**。道歉，改正错误，或者处理问题。

学会用新的**视角**看问题，以及**接受失败**。

正视你的恐惧。适应出错。

练习**自我同情**。

恭喜你完成了自己的探险。请填写下面的声明：

在 _____ 年 _____ 月 _____ 日，

_____ 在这里发现了

挑战无益想法

的方法和工具，

明白错误是人生的一部分，

在未来，

将会成为一个时刻

接受自我的人。